临沧坚果丰产管理实用技术手册

LINCANG JIANGUO FENGCHAN GUANLI
SHIYONG JISHU SHOUCE

◆　■　◆

主　编：白海东　杨玉春
副主编：杨廷丽　张林溪　尚瑞广

中国林业出版社
China Forestry Publishing House

图书在版编目（CIP）数据

临沧坚果丰产管理实用技术手册 / 白海东, 杨玉春主编. -- 北京 : 中国林业出版社, 2025.5

ISBN 978-7-5219-3293-5

Ⅰ. ①临… Ⅱ. 白

中国国家版本馆CIP数据核字第20255PW161号

策划、责任编辑：许玮

装帧设计：刘临川

出版发行：中国林业出版社

（100009, 北京市西城区刘海胡同7号，电话83143576）

网址：https://www.cfph.net

印刷：河北京平诚乾印刷有限公司

版次：2025年5月第1版

印次：2025年5月第1次

开本：889mm×1194mm 1/64

印张：2.25

字数：100千字

定价：30.00元

《临沧坚果丰产管理实用技术手册》
编写人员名单

主　　编： 白海东　　杨玉春

副 主 编： 杨廷丽　　张林溪　　尚瑞广

参编人员：

赵文植　　王正德　　王丽娟　　吴疆翀

杨庭泉　　石定宏　　万晓丽　　张晓丽

陶佳祥　　赵云晋　　赵杰军　　黄绍琨

沈仕福　　李智华　　田春梅　　何家梅

编制单位： 临沧市林业科学院

前言

　　为使广大临沧坚果种植户能快速掌握临沧坚果的高效管护技术及林下珠芽魔芋种植和临沧坚果有害生物防治技术，临沧市林业科学院编写了简洁、通俗易懂的实用技术手册，主要回答了做什么、什么时候做、怎么做的问题，供广大临沧坚果种植户进行学习和参考使用。

　　临沧坚果定义：临沧坚果（*Macadamia* spp.），又名澳洲坚果、夏威夷果，是山龙眼科（Proteaceae），澳洲坚果属（*Macadamia*）的多年生林经树种，特指临沧市区域内种植的澳洲坚果、果实及制品。生产区域范围包括云南省临沧市所辖临翔区、云县、凤庆县、永德县、镇康县、耿马傣族佤族自治县、沧源佤族自治县、双江拉祜族佤族布朗族傣族自治县8个县（区）77个乡镇（街道）。地理坐标为东经

98° 40′～100° 34′、北纬 23° 05′～25° 02′。

临沧坚果于 2018 年获得国家农业农村部批准的农产品地理标志认证；2025 年 4 月 1 日，临沧坚果通过了国家知识产权局的认定，成了地理标志保护产品，得到了国家知识产权保护。至此，澳洲坚果在中国有了自己的真正名字——临沧坚果！

临沧市林业科学院

二〇二五年五月

目录

第一篇

临沧坚果丰产栽培管理

LINCANG JIANGUO FENGCHAN
ZAIPEI GUANLI

一 品种选择

（一）品种现状

临沧市当前栽培的坚果品种已经超过36个，通过云南省林木品种审定委员会审定（认定）过的有22个，即A4、O.C、A16、桂热1号、660、741、344、508、246、788、H2、800、294、695、900、广11、昌宁1号、863、迪思1号、临坚47号、正成1号、正成2号；通过国审的品种有5个，即南亚1号、南亚3号、南亚12号、南亚116号、桂热1号；其他已经命名的有333、814、816、791、JW、A203、南亚2号、临坚26号、临坚44号、临坚66号等。

（二）临沧坚果主要推荐改良和嫁接品种

1. 推荐改良和嫁接的品种

根据临沧市林业科学院多年来的观察、研究、试验对比，O.C、A4、A16、临坚47号这四个品种在树势、枝、叶、花、产果等性状表现及不同海拔、不同小区域气候中种植的产果稳产保质性方面相对稳定。所以，暂推荐这四个品种作为在全市内大力推广种植的主选品种。其他品种如294、桂热1号等品种经过多年来的种植观察，也有在局部区域获得优质高产的品种，但同一品种在不同海拔，不同小气候区域内性状表现差异较为突出，所以，要通过在不同地域试种后的效果，根据情况因地选种。

2. 推荐种植的理由

一是早实丰产，适应性广；二是树势中等，便于密植矮化和修剪；三是果形大，且果形相近，容易获得产品外观的一致性（带壳果开口销售）；四是出仁率高。

O.C出仁率>34.1%，一级果仁率>95.3%；

A4出仁率>41.5%，一级果仁率>99%；

O.C品种（果实）

A4品种（果实）

A16出仁率>35.3.5%，一级果仁率>96%；

临坚47号出仁率>33.%，一级果仁率>95%（主要特点为：耐贫瘠、抗旱）。

O.C品种的壳果和果仁

A4 品种的壳果和果仁

二 栽培管理

（一）种植区划与种植方法

1. 种植区划

北纬25°南的1500m以下海拔均可种植。

2. 种植方法

（1）在平地、缓坡地采用全垦种植。如果是坡地就改为台地（台面宽0.8～3.0m），在台面上挖好种植穴（80cm×70cm×60cm）。

（2）栽植时间：有灌溉条件的全年可种植，一般在雨季种植。

（3）栽植时应撕去营养袋，在把土回填到营养土上表面时浇透定根水，然后再填满土，加盖一块薄膜保湿。

（二）土壤管理

1. 现有果园坡地梯田化

临沧市临沧坚果的种植区域90%为坡地种植，不利于坚果园的保水保肥、管理及机械化、半机械化作业。采取人工或机械的方式在已经种植临沧坚果的坡地上，以坚果树基部为平面，沿水平线（等高线）开挖成1.2~2m的梯田，可为今后的管理实现高效化、节力化、保水保肥奠定坚实的基础。

2. 土壤改良

一是通过套种豆科植物，豆科植物存在特有的固氮根瘤菌，可固定土壤中的游离氮素，可使土壤得到很好的修复。二是通过翻压豆科牧草等绿肥，使土壤微生物量中碳和氮增加，微生物更为活跃，绿肥压青对土壤改良有明显效果。三是翻耕熟化，每年春秋两季对土壤进行全面翻耕，深度20~30cm。四是科学套种林下作物（珠芽魔芋），实现以耕代抚。

坡地梯田化实作图

3. 肥料的选择

在土壤改良和果园管理中使用肥料的选择上，应以有机肥为主。幼树施肥主要以氮肥和磷肥为主，适当施用钾肥，可以促进植株快速生长；结果树以施用有机肥为主。

有机肥实物图

4. 施用时间与用量

临沧坚果每年施肥1~2次，以施用有机肥为主。施肥时间于每年的采果后即可进行。每年的花期可结合保花保果，适当增施叶面肥。

有机肥的使用量按照树龄年数计算施用量，即树龄年数×（10kg农家肥+0.15kg复合肥）或树龄年数×2kg商品有机肥，逐年增施至10年后达20kg商品有机肥时，不再增加用肥量。

5. 施用方法

在树冠外围滴水线开挖环状施肥沟，施肥沟深30~40cm、宽约25cm。将土壤与肥料搅拌均匀，然后用土加以覆盖。施完肥后需要对树盘进行一次深翻，增强土壤通透性并培养有益菌群。

施肥方法之一：环状施肥

施肥方法之一：环状施肥

有机肥
撒施面

树根不能
撒到肥

人工或
械翻挖

施肥方法之二：撒施＋翻挖施肥法

第二步

第三步

（三）水分管理

1. 集雨促产

（1）临沧坚果主要在云南省低热河谷的亚热带山地地区种植，此地区基本无引水灌溉的水源，即便有水源，引水和抽水的成本也很高；雨水主要集中在夏秋季节，年降雨量可达到1100mm以上；冬春季节干旱问题比较显著，严重影响了临沧坚果花期授粉、坐果、果实膨大的生长发育，造成临沧坚果产量低、果实偏小。此外，在病虫害防治过程中，用水也无法保障。因此，将夏秋季节的雨水通过收集的装置进行贮藏，可到冬春干旱季节解决抗旱用水问题。

（2）雨水收集方法一：利用下雨时山地上的道路侧沟雨水，在适当的位置挖一个大小约50～150m³或者更大的水池，并铺设防水布（工程土工膜）。在入口处挖两个沉沙池（分为一级和二级）。如图：

水池

二级沉沙池

侧沟

一级沉沙池

雨水收集方法一

雨水收集方法二的全景图

（3）雨水收集方法二：利用山地坡面，铺设集雨膜，在下坡位挖一个大小约50～150m³或者更大的水池，并铺设防水布（工程土工膜）。

雨水收集方法二的雨水流向示意图

2. 保水辅助措施

为了延缓和控制水分蒸发，人们可以有效利用所收集的雨水：一是在集水池上铺盖防蒸发塑料布；二是在灌溉后在树盘覆盖上薄膜。

盖好薄膜的坚果树

（四）科学修剪

1. 修剪的时间

临沧坚果树修剪时间为每年采果施肥后进行（每年10—11月）。

2. 修剪方法采用主干分层形修剪法

（1）幼树整形修剪方法

第一层在离地1～1.2m高的位置通过剪截进行定干，所长出的分枝留4～5个，在枝条离分枝点15～20cm处的直径大约1.5cm的时候进行拉枝，拉枝的开张角度约为60°～65°；第二层在第一层的基础上留一个中心主干，在中心主干1～1.2m高的位置进行剪截，所长出的分枝留4～5个，在枝条离分枝点15～20cm处的直径大约1.5cm的时候进行拉枝，拉枝的开张角度约为60°～65°。第三层方法同上，并进行封顶，植株的总体树高要控制在4～5m。整形后的整体树形为主杆分层圆台体。

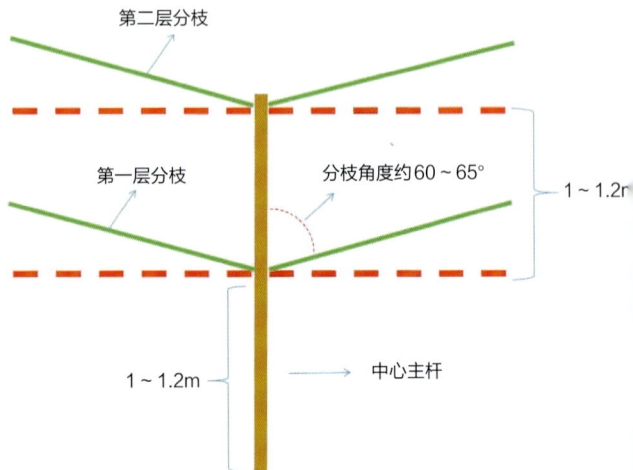

第二层分枝

第一层分枝

分枝角度约60～65°

1～1.2m

1～1.2m

中心主杆

临沧坚果树修剪整形示意图

（2）结果树整形修剪方法

第一层在离地约1～1.2m高的分枝通过适当的拉技或者直接进行修剪，剪除向上生长的直立徒长枝（营养枝）和过度的下垂枝。如果是丛生树（两至三个丛生主干），应在第一层内对其中的1～2个主干进行封顶，整形成第一层；

第二层在第一层的基础上留一个中心主干，在中心主干1～1.2m处进行修剪或者通过适当的拉技，剪除第一层与第二层之间主干上的分枝和第二层分枝向上生长的直立徒长枝（营养枝）及过度的下垂枝；

第三层的修剪方法同上，并进行封顶，植株的总体树高要控制在4～5m。整形好的整体树形为圆台体。

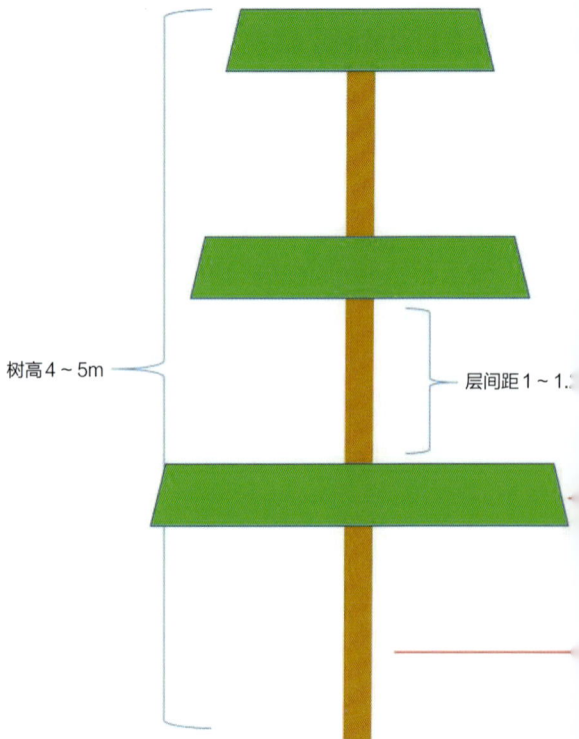

树高 4～5m

层间距 1～1.

临沧坚果树修剪整形示意图

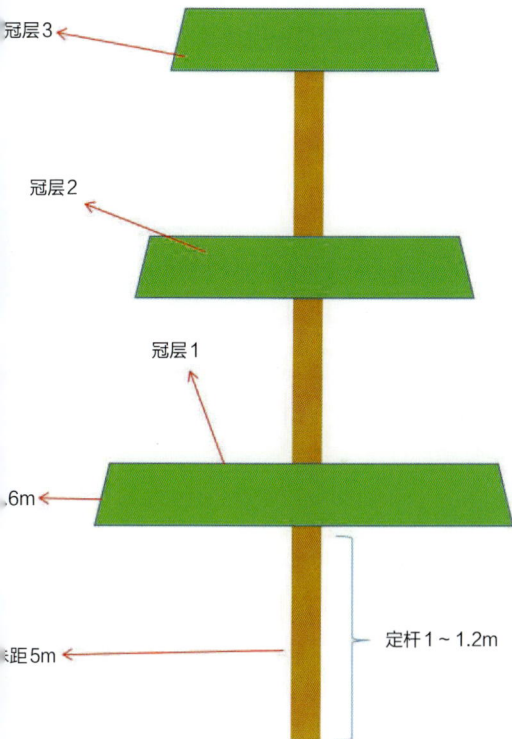

冠层3

冠层2

冠层1

6m

距5m

定杆1~1.2m

临沧坚果树木修剪前

临沧坚果树木修剪后

3. 修剪后的处理

每一次修剪后会萌发大量的芽，待萌发出来的枝芽长到约15cm的时候进行抹除或者剪除徒长和过多的枝芽，只留少量的小而健康的侧芽培养成结果枝。

修剪果树

⚌ 临沧坚果老果园及低效园改造

（一）复壮需要改良嫁接的树体

在嫁接前3个月要对需要改良嫁接的树进行施肥，可施高效三元素复合肥，充分恢复树势，为嫁接做好充分的准备。

（二）大树品种改良的嫁接时间

只要准备好优质的穗条，全年都可嫁接，以10月中旬至次年2月中旬为最佳，下雨时不宜进行嫁接。

嫁接主要采用合接法。

一是准备用于嫁接的枝条，在采集枝条前60天用胶把钳夹住枝条基部旋转一圈环剥至韧皮部，环剥口宽2cm。

二是采下枝条后剪去叶片，剪成长12～15m、带有两轮芽眼的接穗备用，最好随采随用。

三是接穗削法，将接穗下端削成长2～3cm的斜面，削口必须平滑。

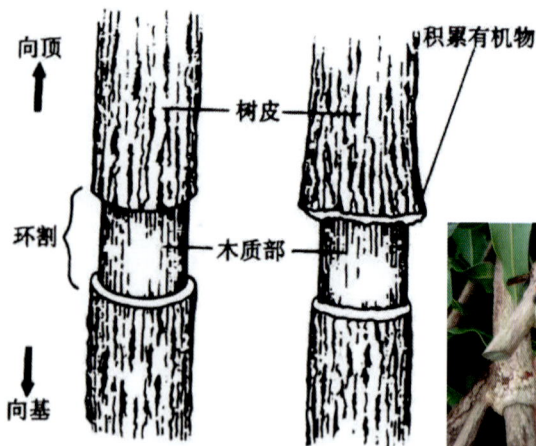

枝条环剥示意图及效果图

接穗的削法效果图

　　四是砧木的削法，砧木的锯口采用斜锯法锯成斜口，在砧木锯口最长的方向沿树皮自下而上削成一个斜面。

　　五是把接穗与砧木斜面的形成层对齐并紧贴在一起，不能有空隙。

六是绑扎，用塑料薄膜把接口扎牢固，并从切口下方开始往上缠绕，直到封顶打结，不得漏气。

七是药剂处理，嫁接好后，在接合部喷施昆虫黏诱

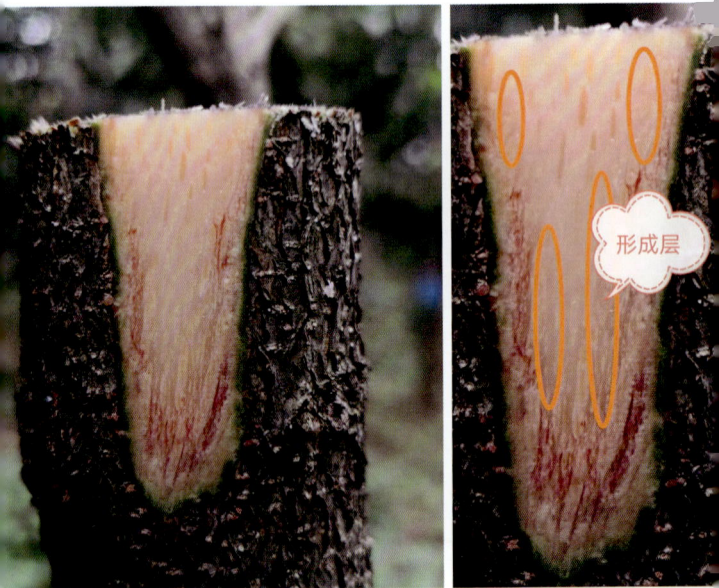

形成层

砧木的削法及形成层示意图

剂，防止蚂蚁等昆虫啃咬塑料薄膜而漏气。

　　八是在嫁接口以下用涂白剂进行涂白，防止树皮被日光灼伤。

伤流流出口

嫁接绑扎示意图

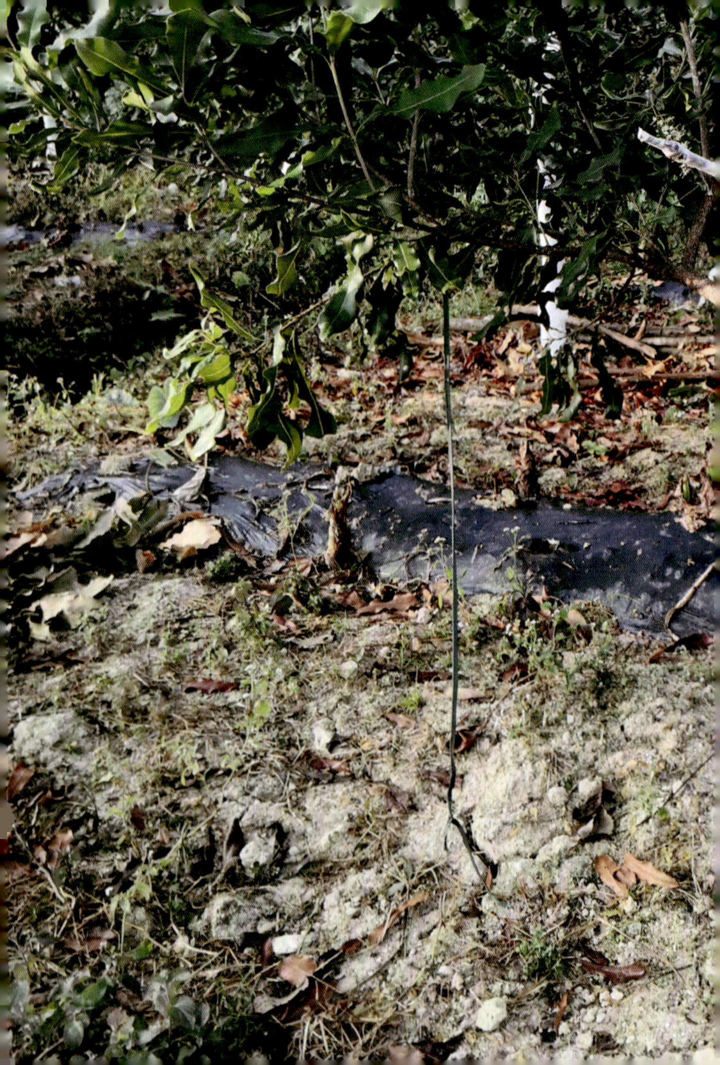

防晒涂白区域

嫁接后涂白示意图

昆虫黏诱剂防
蚂蚁区域

伤流口的处理
位置

药剂处理及排除伤流示意图

（三）大树嫁接改良应注意的问题

1.大树嫁接改良时的接位高度一般在60～100cm之间，为了方便改良后的整形修剪，原则上接位能低尽量低。

2.大树嫁接改良时原则上必须留辅养枝，辅养枝要留侧枝，宜小不宜大，能正常进行大树本身的生命活动即可。

3.大树嫁接改良时原则上只嫁接一层，确有必要时可嫁接两层。嫁接第二层时要在第一层基础上不超过50cm处嫁接，嫁接成活后要尽量控制第二层的顶端优势，避免第二层生长过快而影响第一层的生长。

（四）临沧坚果花穗期处理措施

保花保果是提高临沧坚果产量的重要措施之一，一般从两个方面来做：一是对临沧坚果的花穗期、坐果期、果实膨大期进行营养补充和调节；二是对临沧坚果果园放养蜜蜂，利用蜜蜂帮助临沧坚果传粉授粉，解决临沧坚果的自交不亲和性，从而提高坐果率。

以下用药时间段为晴天无风的早晚，喷雾时要将药剂尽量喷施于叶片背面。

（一）临沧坚果花穗萌动期处理措施

在春节前后，用"杀虫剂+植物生长调节剂+叶面肥"等进行叶面喷雾。如5%功夫水浮剂（1500~2000倍液）

+1.8%复硝酚钠水剂（4000～6000倍）+硫酸钾（稀释1000～1500倍液）+速溶硼（稀释1000～1500倍液）进行叶面喷雾。

用药时间： 开花前（2月1日—2月20日）。

目标： 杀虫(蝽象、蚜虫等)、营养补充。

花穗萌动期

（二）花穗伸长期处理措施

在开花前20天即坚果花抽穗长约10cm，但未开放时，用5%高效氯氟氰菊酯2000倍液+1.8%复硝酚钠水剂4000～6000倍+硫酸钾稀释1000～1500倍液+速溶硼稀释1000～1500倍液进行喷雾。

用药时间： 开花前（3月1日—3月15日）。

目标： 杀虫(蟾象、蚜虫、蓟马等)、提高花穗及花粉质量。

用药量： 每喷雾器（溶积20L）加5%高效氯氟氰菊酯10g+1.8%复硝酚钠水剂4mL+硫酸钾13g+速溶硼13g。

临沧坚果树木花穗期

（三）盛花期处理措施

临沧坚果属于虫媒传粉，需要昆虫对花粉进行传粉授粉。在果园适当放养蜜蜂，可以很好地对坚果进行传粉授粉，从而提高坐果率。建议每5亩放养约1箱蜜蜂，种植密度大、花量多的果园应增多蜂箱数量。

注意：坚果花期为了保护蜜蜂，应杜绝使用杀虫剂！

正在采花粉的小蜜蜂

（四）临沧坚果坐果期处理措施

在坚果花完全谢后，即坐果期用70%噻虫嗪水分散粒剂2000倍液+尿素稀释100倍+1% 24-表芸苔素内酯2000～2500倍+硫酸钾稀释1000～1500倍液+乙蒜素1000倍液进行喷雾。

用药时间： 花谢后（4月10日—4月30日）。

目标： 杀虫(蝽象、蚜虫、蓟马等)、杀菌（炭疽病等）、保果壮果。

用药量： 每喷雾器加70%噻虫嗪水分散粒10g+1% 24-表芸苔素内酯10mL+硫酸钾13g+乙蒜素20mL。

临沧坚果坐果期

（五）临沧坚果果实膨大期处理措施

在花谢后20天即果实膨大期用5%啶虫脒乳油1000倍液+1.8%复硝酚钠水剂4000～6000倍+硫酸钾稀释1000～1500倍液+靓果安300～500倍液+沃丰素600倍液+乙蒜素1000倍液进行喷雾。

用药时间：果实膨大期（4月30日—5月20日）。

目标：杀虫(蝽象、蚜虫、蓟马等)、杀菌（炭疽病等）、保果壮果。

用药量：每喷雾器加5%啶虫脒乳油20mL+1% 24-表芸苔素内酯10mL+硫酸钾13g+乙蒜素20mL。

临沧坚果果实膨大期

五 临沧坚果科学采收

（一）临沧坚果采收时间

临沧坚果于每年的白露节气到霜降时期逐步进行采收。临沧市把每年的白露节气定为坚果开采节，白露节气后所有的临沧坚果视成熟度可进行陆续采摘，其他时间宜捡成熟落果为主。

（二）临沧坚果成熟的标志

成熟果的标志是内果皮由浅褐色转变为深褐色，果壳坚硬，果仁饱满。

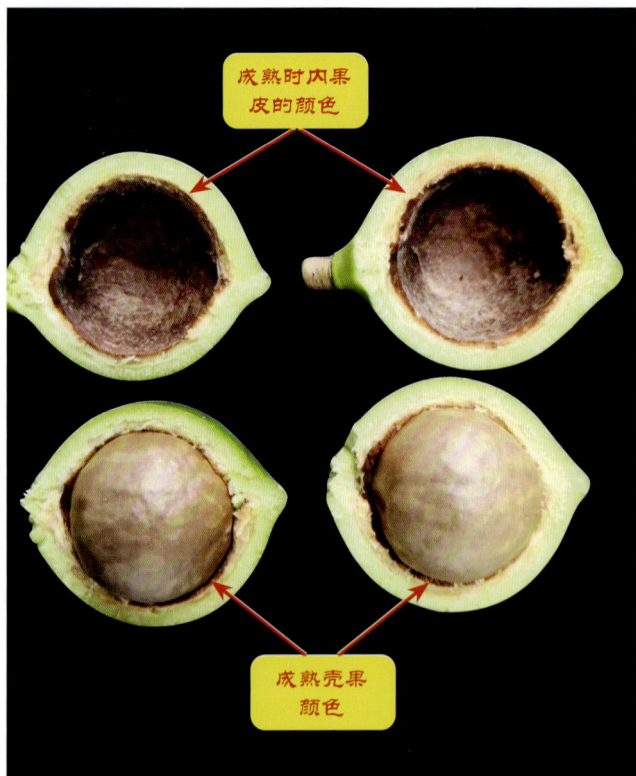

成熟果实示意图

未成熟果壳果颜色

未成熟果内果皮颜色

未成熟果实示意图

（三）临沧坚果采收方法

果实成熟后自然掉落在地上，然后人工进行捡收。集中采收的坚果需用竹竿敲、摇等方法使其掉落。为方便果实捡收，在果实成熟掉落前2～4周必须对果园内的杂草、枯枝进行清除，并平整地面、填洞坑，清理排水沟以及将掉落地面的旧果、不成熟果、病、虫、鼠为害果等杂物捡净清除。为了节省劳动力，可以在坚果树下铺设较为轻便的塑料或者较密的网，便于果实的收集。

临沧坚果采收图

临沧坚果采收图

第二篇

临沧坚果林下珠芽
魔芋种植技术

LINCANG JIANGUO LINXIA ZHUYA

MOYU ZHONGZHI JISHU

一 魔芋品种

（一）现种植魔芋品种

目前种植的主要魔芋品种有花魔芋、白魔芋、甜魔芋、珠芽魔芋（分为珠芽黄魔芋、珠芽白魔芋、珠芽红魔芋等）、西盟魔芋等。

本手册主要讲解珠芽魔芋种植的关键技术。

珠芽黄魔芋商品芋

（二）主要推荐临沧坚果林下魔芋品种

通过临沧市林业科学院多年的摸索和总结，证明临沧坚果林下种植珠芽魔芋是可行的。珠芽魔芋属于热带亚热带林下耐阴的经济作物，具有产量高、出粉率高、葡甘聚糖含量高、黏度高、抗病性极强的特点，在医药卫生、工业、农业、食品加工等领域应用广泛，市场情景广阔。所以，临沧坚果林下主要推荐种植珠芽魔芋。

珠芽黄魔芋

二 珠芽魔芋种球繁殖技术

（一）珠芽魔芋种球繁殖方法

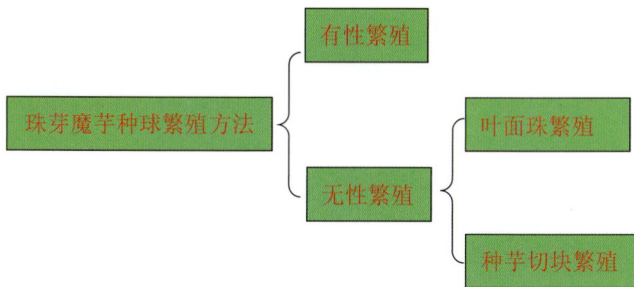

```
                              ┌─ 有性繁殖
                              │
                              │                    ┌─ 叶面珠繁殖
珠芽魔芋种球繁殖方法 ─┤                    │
                              │                    │
                              └─ 无性繁殖 ─┤
                                                   │
                                                   └─ 种芋切块繁殖
```

✴ 播种时间均为每年的12月—次年的3月

（二）无性繁殖

1. 种芋切块繁殖

相较于叶面珠和实生籽繁殖有速度慢和容易感染病毒的缺点，不建议使用。

珠芽魔芋切块种芋

2. 叶面珠（叶面种球）繁殖

此方法是有效的芋种繁殖方法之一，是无性繁殖的重要手段，能保持母株的优良性状，但是在短时间内获得的叶面珠数量不大。

珠芽魔芋叶面种球

（三）有性繁殖

有性繁殖是指用珠芽魔芋的实生籽进行繁殖，是珠芽魔芋种扩繁的重要手段，具有稳定性强、抗病性强、出苗整齐、种珠球大小一致、能在短时间内获得大量魔芋种球的特点。采用实生籽繁殖魔芋种球是珠芽魔芋种球繁殖的主要技术之一。

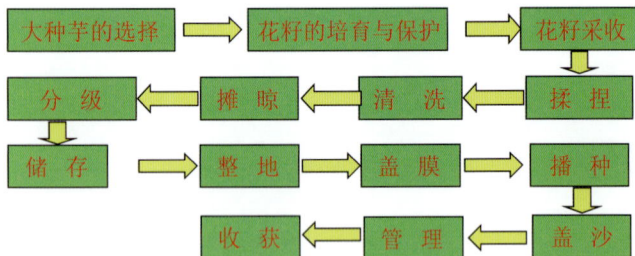

大种芋的选择 → 花籽的培育与保护 → 花籽采收

分 级 ← 摊 晾 ← 清 洗 ← 揉 捏

储 存 → 整 地 → 盖 膜 → 播 种

收 获 ← 管 理 ← 盖 沙

1. 用于培育实生籽的种芋选择

选择肥大、无病虫害的大块茎珠芽魔芋。

珠芽魔芋种芋

2. 大块茎魔芋的种植时间为每年的 12 月至次年的 3 月。

珠芽魔芋种植

3. 花籽的培育、保护与采收

及时清除杂草并开展病虫害防治，在种子近成熟时需要及时套袋保护，防止鸟类偷食。每年的1月初魔芋种陆续成熟，种子成熟后要及时采收。

珠芽魔芋种子成熟状

4. 种子的处理

采收后的种子要及时进行揉捏、反复清洗、漂出种皮和杂质后进行摊晾和分级，并放在阴凉通风处储存。

清洗分级后的珠芽魔芋实生种子成熟状

5. 整地和盖膜

充分耙平耙细疏松土壤，播种地根据实际做成1.5m×20m的畦，畦面要求平整，便于盖地膜时使地膜紧贴畦面。铺宽1.5m的双色反光有孔地膜（孔行距为10cm×15cm；孔径为5cm），铺膜时要将黑色面朝下，银灰面朝上。

珠芽魔芋实生种子育种播种图

6. 播种

从3月初开始，将洗净并分级好的珠芽魔芋实生籽按每孔1粒的规格，分别播在已铺好的有孔膜内。用干净的细沙子盖在种子上，厚度为1～1.5cm，覆盖满薄膜孔且不露土。

珠芽魔芋实生种子育种效果图

7. 管理

播种后用两针遮阳网（遮阴65%）遮盖，利用散射光育种，待收获后移去遮阳网。注意水、肥、病虫害的管理，适度轻浇水，每个星期浇水一次，保持土壤湿润即可。同时，及时清除沙子上长出的少许杂草和行间杂草；待魔芋出苗整齐并且叶片完全展开后，每隔一个月追施一次高效水溶性复合肥（N:P:K比为15:15:15），追肥量为每亩10～15kg。如果施肥后未下雨要及时浇一次水，充分溶解复合肥。针对生长期魔芋种内出现天蛾幼虫和蝙蝠蛾幼虫为害时，选择白僵菌5亿孢子/mL溶液和阿维菌素3000倍液药剂每7～9天喷1次，连续喷2～3次。

珠芽魔芋实生籽扩长势图

8. 收获

收获期一般为当年12月至次年的3月初，采挖时应选择晴朗的天气逐步进行魔芋种的采挖，采挖时尽量避免机械损伤，去除泥土和坏芋后装于通风的塑料篮筐或网袋中。种芋经摊晾7天左右便可置于干燥通风处贮藏，贮藏期间要注意定期检查。除慎防老鼠危害外，还要及时捡出腐烂发霉的种芋，避免交叉感染。贮藏时要轻拿、轻放，不可损坏表皮，同时要保护顶芽避免机械损伤，确保种芋质量，等待来年种植。

珠芽魔芋实生籽扩繁得到的种芋

三 珠芽魔芋科学种植技术

（一）种植时间

每年的12月至次年的5月份。

（二）临沧坚果林下珠芽魔芋的种植管理技术

1. 珠芽魔芋种植前的准备

在珠芽魔芋种植前应先将临沧坚果种植园的土壤进行深翻，有条件的可以在10月底结合临沧坚果施肥时进行深翻。已经种植珠芽魔芋的临沧坚果园可以在采挖魔芋时一并对土壤进行深翻，到种植魔芋时还需对土壤进行耙平。

整地理墒

2. 施足底肥

底肥一般使用有机肥。施肥方式分为两种：一是在种植前把有机肥按每亩500kg的量均匀撒在地上并进行耙地；二是在打好种植沟后播种时，在两个魔芋种间施200g的有机肥（注意：要种肥隔离）。

3. 种植

（1）魔芋种的规格

珠芽魔芋种芋的规格：每个种球约50～200g。

（2）魔芋是耐阴性的经济作物，所以在种植时应采用适当的高密度种植，约为7000株/亩[①]。

（3）种植技术要领

种植时沿直线挖种植沟宽15cm，深15cm。挖好种植沟后将魔芋种沿沟心按20cm的距离间隔放置，未施过有机肥的可以在两个魔芋种间放200g的有机肥（注意要种肥隔离），回土盖种和肥约5～10cm。然后，距上一条种植沟40cm处挖一条平行的种植沟，种植方法同上，以此类推，

---

① 1亩 =1/15公顷，以下同。

进行种植，最终的株行距为20cm×40cm。

（4）盖膜

种植好后的魔芋不着急盖薄膜，等魔芋刚刚出土时用

种植行距示意图

40cm宽的双色反光地膜在行间覆盖，盖膜时要将黑色面朝下，银灰面朝上。

盖膜示意图

4.珠芽魔芋中耕管理

（1）除草。在魔芋未出土或者刚刚出土时可以采用草甘磷等除草，之后的管理中视长草情况采取人工或药剂进行除草。

（2）施肥。在魔芋的散叶期要施一遍高效复合肥，在叶面种球初现后催施高钾复合肥。

魔芋地药剂除草

（四）珠芽魔芋虫害防治与防晒技术

（一）珠芽魔芋的虫害防治

　　珠芽魔芋种植过程中有三大虫害：天蛾幼虫、蝙蝠蛾幼虫和蝇蛆。在害虫的初发期可采用杀虫剂，如白僵菌5亿孢子/mL溶液，阿维菌素3000倍液等进行喷雾；可以通过在临沧坚果园内安装杀虫灯来诱杀成虫；适时采挖防止蝇蛆危害。

天蛾幼虫
危害状

天蛾幼虫危害状

天蛾幼虫

蝙蝠蛾幼虫危害状

（二）珠芽魔芋的防晒

珠芽魔芋属于耐阴植物，容易被日光灼伤，从而造成植株的死亡或者珠芽魔芋的大幅度减产。所以，坚果果园郁闭达不到种植魔芋的覆阴度时，需要对珠芽魔芋用进光度65%的遮阳网进行适当遮阴。

坚果林下＋遮阳网下的魔芋长势（一）

坚果林下+遮阳网下的魔芋长势（二）

坚果林下＋遮阳网下的魔芋长势（三）

魔芋轻微被日光灼伤的症状

坚果树覆阴的魔芋长势

五 叶面珠采收和商品魔芋采挖

（一）珠芽魔芋叶面珠的采收

珠芽魔芋的叶面珠可以用来繁育二代芋种，用于种植商品芋。珠芽魔芋植株成熟黄落时，叶面珠自然脱落即可进行采收，因每棵植株的成熟期不一致，所以需要进行多次采收，叶面珠晾干水分后置于阴凉通风的地方贮存。

叶面珠采收

（二）珠芽魔芋的采挖

珠芽魔芋二代种种植一般都可达到当年采收，即3—5月种植，12月底就可进行采挖，是实现"以短养长"，提

珠芽魔芋收获

高单位面积收入的好产业。

珠芽魔芋成熟倒苗后，种球（块茎）上的须根脱落即可进行采挖，采挖时间约为当年12月至次年3月。

珠芽魔芋收获

第三篇

临沧坚果有害生物
综合防治技术

LINCANG JIANGUO YOUHAI SHENGWU

ZONGHE FANGZHI JISHU

一 临沧坚果有害生物的定义

临沧坚果有害生物包括危害临沧坚果的各种害虫、有害动物（鼠类、螨类、蜘蛛、根结线虫等）、病原微生物（真菌、细菌等）和寄生性种子植物（菟丝子、桑寄生）以及田间杂草等。

临沧坚果有害生物

🈷 临沧坚果有害生物综合防治

对有害生物的防治要坚持"预防为主，综合防治"的原则。采用农业防治、物理防治、生物防治和化学防治相结合的综合防治方法，既要经济实惠又要绿色环保，同时把有害生物的危害降低到可以忽略的安全水平。

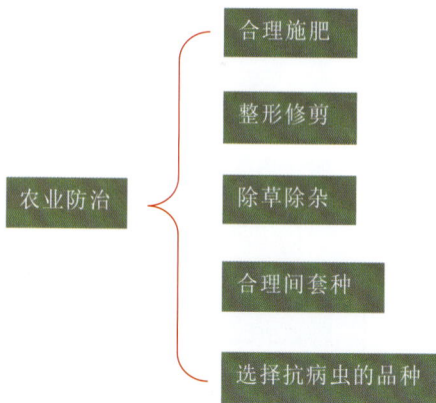

合理施肥

整形修剪

农业防治　除草除杂

合理间套种

选择抗病虫的品种

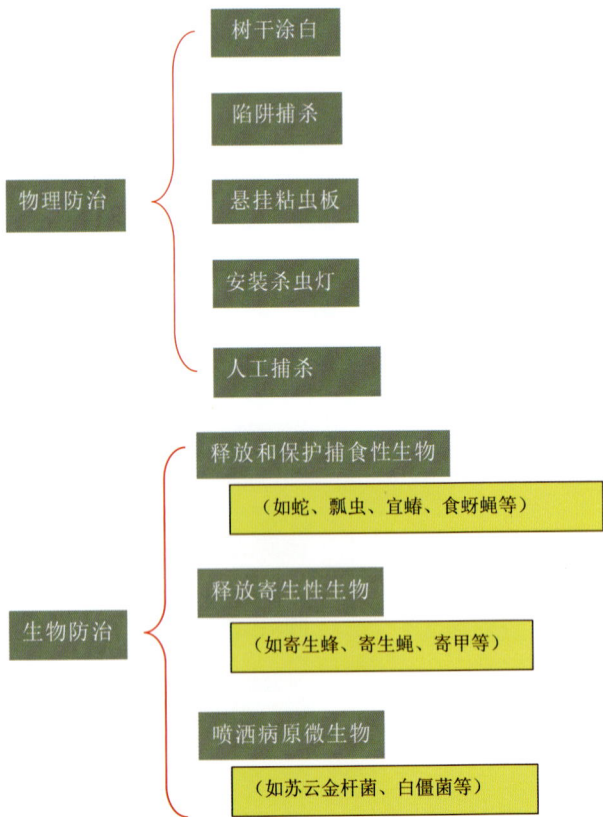

物理防治
- 树干涂白
- 陷阱捕杀
- 悬挂粘虫板
- 安装杀虫灯
- 人工捕杀

生物防治
- 释放和保护捕食性生物
  （如蛇、瓢虫、宜蜻、食蚜蝇等）
- 释放寄生性生物
  （如寄生蜂、寄生蝇、寄甲等）
- 喷洒病原微生物
  （如苏云金杆菌、白僵菌等）

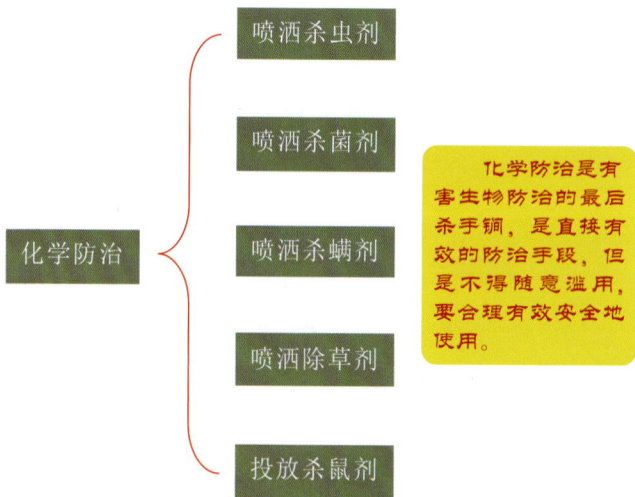

化学防治

喷洒杀虫剂

喷洒杀菌剂

喷洒杀螨剂

喷洒除草剂

投放杀鼠剂

化学防治是有害生物防治的最后杀手锏，是直接有效的防治手段，但是不得随意滥用，要合理有效安全地使用。

三 临沧坚果主要病害及其防治措施

（一）临沧坚果主要病害

炭疽病（黑果病）是目前临沧坚果的"第一大"病害，主要危害鲜果（青皮果），发生期大约从每年7—8月开始，直到果实采收结束。

其特点是：感染途径多、传播速度快，发病严重的地块危害率可达10%，甚至造成单棵植株绝收，受害果直接失去商品价值。

临沧坚果的炭疽病多由毛色二孢病原菌引起，主要由咀嚼式和刺吸式口器的昆虫进行传播。

被炭疽病危害的坚果

被炭疽病危害的坚果

（二）炭疽病的防治措施

1.加强果园管理，合理使用有机肥，提高树体本身的抗病性，冬季进行树干涂白，可以起到杀菌等效果。

2.结合整形修剪，剪除病枝、营养枝和过密枝，对果园进行清理，清除枯枝烂叶和病果残体。

3.在雨季来临前进行喷药预防，可用靓果安、沃丰素和乙蒜素配合喷雾预防；在病害发生期可用多菌灵、百菌清等进行喷雾防治。

4.防病先治虫，要加强虫害防治，特别是蛀果螟的防治。

树干涂白

化学防治（喷洒农药）

（三）临沧坚果树木的其他病害

临沧坚果树木的其他病害有：流胶病、衰退病、叶枯病、裂果病、枝条回枯病、膏药病等。病害均可在发生前进行预防，采用综合防治措施进行有效防治。原则上"防病先防虫"，害虫造成的机械损伤大多是病害发生的入侵口。

临沧坚果树木流胶病

临沧坚果树木叶枯病

临沧坚果裂果病

四 临沧坚果主要虫害及其防治措施

（一）临沧坚果的主要虫害

临沧坚果的主要害虫有蝽、蓟马、蛀果螟等。其中蝽是临沧坚果目前的"第一大"害虫，主要危害嫩梢嫩叶和幼果。每年多代发生，有迁飞性、隐蔽性强、趋光性弱等特点。危害嫩梢嫩叶后可使其干死，危害幼果会引起大量落果或果实带病继续发育，从外表上无法观察到危害症状，但是取果仁时会发现虫斑，无法食用，受害的坚果直接失去食用价值。

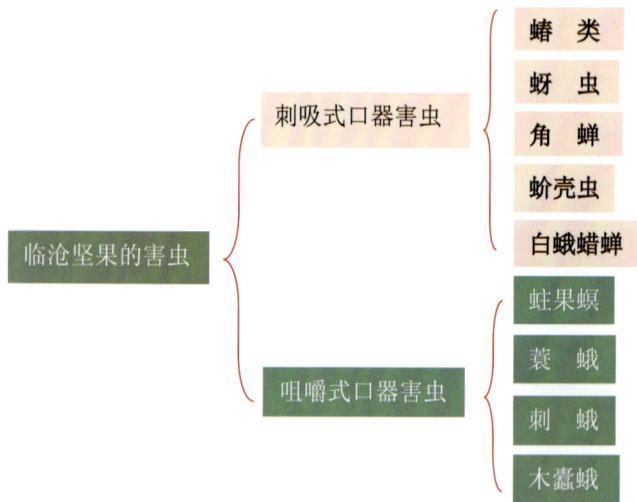

临沧坚果的害虫

刺吸式口器害虫
- 蜡 类
- 蚜 虫
- 角 蝉
- 蚧壳虫
- 白蛾蜡蝉

咀嚼式口器害虫
- 蛀果螟
- 蓑 蛾
- 刺 蛾
- 木蠹蛾

被蛴危害的坚果果仁

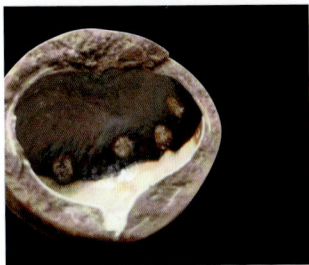

临沧坚果裂果病

（二）临沧坚果的主要虫害防治措施

1. 危害临沧坚果的蝽

（1）主要危害临沧坚果的蝽

除了猎蝽以外，基本上所有蝽都可危害坚果，主要有：光亮缘蝽、褐缘蝽以及稻绿蝽等。

危害坚果的蝽

危害坚果的蝽

在坚果树上越冬的蝽

（2）对危害临沧坚果的蟥的防治措施

一是结合整形修剪，剪除病枝、营养枝和过密枝，对果园进行清理，减少害虫的藏身之所。

二是采用冬季树干涂白，消除越冬害虫。

三是可用5%高效氯氟氰菊酯+70%噻虫嗪水分散粒剂等在坚果谢花后进行配方喷雾，两个星期一次，连续二至三次，注意杀虫剂要交替使用，不得重复使用。

四是采取联合统一，群防群治。

（3）临沧坚果蛴象防治一览表

次数	时间	用药方案、目标及具体配兑方法 （要求联合联防对果园进行喷雾防治、 建议不同批次要交替使用杀虫剂）
第二次	开花前（3月1日~3月15日）	1. 目标：蛴象等害虫防治。 2. 用药方案：5%高效氯氟氰菊酯2000倍液或者70%噻虫嗪分散粒剂2000倍液等杀虫剂。也可以选配杀菌剂和保花保果药使用。 3. 用药量：每喷雾器加5%高效氯氟氰菊酯10毫升或者70%噻虫嗪分散粒10克。
第三次	花谢后（4月20日~5月10日）	1. 目标：蛴象等害虫防治。 2. 用药方案：5%啶虫脒乳油1000倍液或者5%高效氯氟氰菊酯2000倍液等杀虫剂。也可以选配杀菌剂和保花保果药使用。 3. 用药量：每喷雾器加5%啶虫脒乳油20毫升或者5%高效氯氟氰菊酯10毫升。
第四次	果实膨大期（5月20日~6月20日）	1. 目标：蛴象等害虫防治。 2. 用药方案：5%高效氯氟氰菊酯2000倍液或者5%啶虫脒乳油1000倍液等杀虫剂。也可以选配杀菌剂和保花保果药使用。 3. 用药量：每喷雾器加5%高效氯氟氰菊酯10毫升或者5%啶虫脒乳油20毫升。

（4）注意事项

一是本防治措施列举的农药为推荐用药，可根据实际情况，经行业专家指导认可，可分别另选同类性质的农药。

二是每次防治选用的杀虫剂和杀菌剂要尽量交替使用同类同效药品，以免重复连续使用同一种杀虫剂和杀菌剂会使害虫和病源产生抗药性。

三是本防治措施列举的农药用量以20L背负式喷雾器满载量来计算。

特别提醒：

绝对不可以随意增加用药量！

蓟马

2. 危害临沧坚果的蓟马

（1）危害症状

蓟马主要危害临沧坚果的嫩叶、花和果实。蓟马属于

蓟马对坚果叶片的危害

锉吸式口器，并且容易携带大量病毒，引起植株组织迅速感染病毒，从而开始发病。

　　蓟马危害临沧坚果的嫩叶时会使叶片畸形、短小或者

蓟马对坚果花的危害

脱落。蓟马危害临沧坚果花时，花会极速干枯脱落。

　　蓟马危害临沧坚果果实后，会导致坐果期的坚果落果，幼果期和果实膨大期会使坚果表皮发生病变，造成像龙眼果一样的颜色，影响商品价值。

120

蓟马对坚果果实的危害

（2）对危害临沧坚果的蓟马的防治措施

一是结合整形修剪，剪除病枝、营养枝和过密枝，对果园进行清理，减少害虫的藏身之所。

二是可用吡蚜酮、啶虫脒、乙基多杀菌素等在坚果花开放前一个星期和谢花后进行喷雾，一个星期一次，连续两次。注意杀虫剂要交替使用，不得重复使用。

三是采取联合统一，群防群治。

3. 危害临沧坚果的蛀果螟

（1）危害方式和种类

蛀果螟危害果皮和果实，尤其是在果壳尚未完全硬化时可直接钻入果仁内。危害果皮时常伴有炭疽病的发生，严重时可使整株产量绝收，危害坚果的蛀果螟有桃蛀螟和其他螟类。

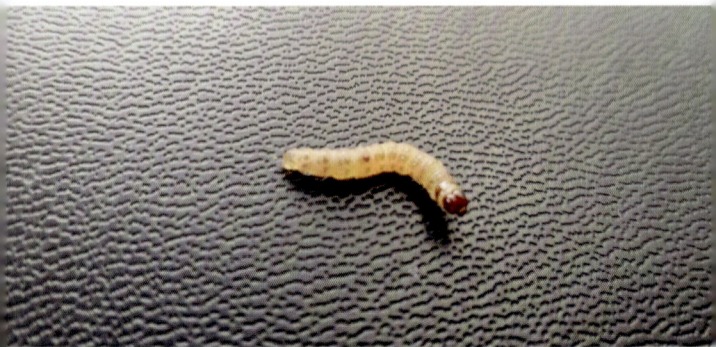

危害临沧坚果的蛀果螟幼虫

危害临沧坚果的蛀果螟幼虫

蛀果螟对临沧坚果果实的危害（后期）

（2）对危害临沧坚果的蛀果螟的防治措施

一是蛀果螟的防治可在果园中部空旷处或果园周边安装杀虫灯诱杀蛀果螟成虫，并集中销毁。

二是蛀果螟的防治要早，一旦幼虫已经侵入果内，特别是串状结果方式的坚果则更加难以防治。化学防治可采用白僵菌5亿孢子/mL溶液，阿维菌素3000倍液，除虫脲、氟虫脲、虫酰肼、甲氧虫酰肼等药剂进行防治。

风吸式太阳能杀虫灯

五 鼠害防治技术

（一）危害临沧坚果的鼠类

危害临沧坚果的鼠类主要有家鼠、田鼠、松鼠等。鼠类不仅啃食树上成熟和未成熟坚果，也危害成熟掉落地面的果实。咬破外壳，啃食果仁，有现场啃食的，也有"打包"带走的（老鼠把坚果带回巢穴等活动场所储藏），会给果农造成重大损失。

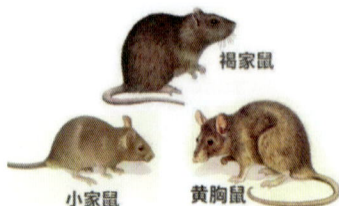

褐家鼠

小家鼠　　黄胸鼠

被抓获的叼鼠

（二）危害症状

鼠对坚果的危害之一

鼠对坚果的危害之二

鼠对坚果的危害之三

（三）鼠类防治技术（之一）

防治鼠害首先要了解鼠的生活习性、观察鼠路鼠道和来犯方向，然后再采用有效的办法进行抓捕和毒杀，毒杀时要统一群防群治，最好的防治时间是在缺少食物和水源的冬春季节，最大限度地想办法降低老鼠的基数。

1.保护鼠类天敌，如蛇、猫头鹰等；

2.在果树主干绑扎塑料薄膜（厚10丝以上，宽50cm），可阻止老鼠上树危害坚果；

3.采用鼠夹、鼠笼和灌水注鼠洞等人工方法捕杀，同时结合使用毒饵诱杀。目前，生产上使用的毒饵主要有杀鼠迷、溴敌隆、敌鼠钠盐和鼠不育剂等药物。毒饵应放在老鼠经常活动的地方，如鼠洞口、鼠路、果树下等，但使用毒饵不能伤及人、畜和捕鼠动物。

被抓获的叼鼠

（四）鼠类防治技术（之二）

1.地面鼠害的防治办法：可用杀鼠醚、杀鼠灵、溴敌隆、溴鼠灵等药物和玉米粒配成毒饵并晒干，将晒干的毒饵放入小塑料袋内并打结，然后丢在老鼠出没或经常活动的地方，让老鼠啃食。

毒饵投放方法一

2.树上害鼠的防治方法：可用杀鼠醚、杀鼠灵、溴敌隆、溴鼠灵等药物和玉米包（未脱粒的玉米）配成毒饵并晒干，将晒干的毒饵捆绑在老鼠经常活动的树上，让老鼠啃食。

毒饵投放方法二

（五）注意事项

1.投放鼠药，要特别注意安全，佩戴手套、口罩，避免吸入。

2.将粉剂放置于鼠洞内、洞口及老鼠出没的地方，有必要时可使用更多粉剂。

3.避免小孩、被非靶动物（鸟类、狗、猫和猪等）接触到药剂。

4.老鼠的尸体应安全处置（如焚烧、埋），不要扔在垃圾袋里或开放的垃圾箱中。

5.如发生意外要立即就医，要采用抗凝血杀鼠剂解毒药：维生素K1。

附录
常用农药稀释计算方法及对照表

以背负式喷雾器（20L）为例：

用药量（g或mL）=20×1000÷稀释倍数

把喷雾器的容积进行单位换算
换算成g或mL

农药稀释倍数换算表

稀释倍数	农药量（g或mg）	备注
500	40	按照1喷雾器20L水计算
750	27	
1000	20	
1500	13	
2000	10	
3000	7	
5000	4	
7500	3	
公式：20×1000÷倍数＝农药量		

亩用药量与稀释倍数换算表

亩用药量（g）	稀释倍数	备注
10	5000	50是指亩用水量（kg），乘以1000是化单位为g。
20	2500	
50	1000	
100	500	
150	333	
200	250	
250	200	
公式：50×1000÷亩用药量＝稀释倍数		

国家禁止使用和限制使用农药公布名录

《中华人民共和国食品安全法》第四十九条规定：禁止将剧毒、高毒农药用于蔬菜、瓜果、茶叶和中草药材等国家规定的农作物；第一百二十三条规定：违法使用剧毒、高毒农药的，除依照有关法律、法规规定给予处罚外，可以由公安机关依照规定给予拘留。

一、禁止生产销售和使用的农药名单（45种）

六六六、滴滴涕、毒杀芬、二溴氯丙烷、杀虫脒、二溴乙烷、除草醚、艾氏剂、狄氏剂、汞制剂、砷类、铅类、敌枯双、氟乙酰胺、甘氟、毒鼠强、氟乙酸钠、毒鼠硅、甲胺磷、甲基对硫磷、对硫磷、久效磷、磷胺、苯线磷、地虫硫磷、甲基硫环磷、磷化钙、磷化镁、磷化锌、硫线磷、蝇毒磷、治螟磷、特丁硫磷、氯磺隆，福美肿、福美甲肿、胺苯磺隆、甲磺隆、百草枯水剂、三氯杀螨醇、磷化铝、2，4-滴丁酯溴、氟虫胺、甲烷、硫丹。

二、限制使用的 22 种农药

甲拌磷、甲基异柳磷、内吸磷、克百威、涕灭威、灭线磷、硫环磷、氯唑磷、水胺硫磷、灭多威、氧乐果、氰戊菊酯、杀扑磷、丁酰肼（比久）、氟虫腈、氯化苦、毒死蜱、三唑磷、氟苯虫酰胺、乙酰甲胺磷、丁硫克百威、乐果。